sol×solの懶人花園

與多肉植物
一起共度的好時光

多肉植物&
仙人掌の室内布置&
植栽禮物設計

多肉植物專門品牌sol×sol
創意總監

松山美紗著

前 言

浸淫在多肉植物的魅力中，經過了這麼長的時間，

我常想，沒耐性的我為何會對它們依然如此痴迷？

我想應該是對可愛的多肉，擁有比任何事物都還要深的愛戀吧！

當然，也包括了視覺上的可愛感。

不過，外觀可愛的東西，世界上比比皆是，

多肉植物並非最有魅力。

但我為什麼依然如此迷戀呢？

應該是它們具有強韌的生命力吧！

多肉植物的故鄉主要是在乾燥地區，

那些地區的環境條件嚴苛，不太下雨，日照又強。

為了在那裡生存，多肉的株體變得像能儲水的水槽般肥大，

為避免水分從葉子表面蒸發，它們盡一切手段發展進化，

最後進化成葉子消失，變形為尖刺，

甚至於連尖刺也消失的狀態，那就是仙人掌科的植物。

它們有個性的姿態，簡直就像產品優良的設計般，

被賦予功能所需最低程度的精巧設計。

雖然沒有市售切花的華麗感，

不過，讓人欣喜的是能夠從頭開始培育。

儘管要多費點工夫，但它們不會枯萎，而是逐漸成長。

它們帶來變化與喜悅，與其一起生活的同時也能產生共鳴。

如果掌握栽培的要領，誰都能輕鬆地培育出生命力強韌的多肉植物。

如果忘記澆水，當你為縮小的多肉植物澆水時，

看到葉上長出的新芽，或在進入休眠期前變得肥厚的葉片，

相信大家都會對它們強韌的生命力所著迷。

隨著培育，你會有許多新的發現，

那種心情難以言喻，會因它們堅強的生命姿態而萌生愛憐之心，

它們的存在彷彿就像寵物一般！

透過本書，若能傳達給你與多肉植物一起生活的快樂，將會是我莫大的榮幸！

CONTENTS

2　前言

7　室內空間 ×多肉植物

8　玄關×多肉植物

10　客廳×多肉植物

16　牆壁×多肉植物

18　廚房（水槽）×多肉植物

20　廚房（置物架）×多肉植物

22　寢室×多肉植物

24　書架×多肉植物

26　走道×多肉植物

28　書房×多肉植物

30　窗邊×多肉植物

32　浴室×多肉植物

34　洗手間×多肉植物

36　洗臉台×多肉植物

38　庭院×多肉植物

44　陽光室×多肉植物

48　column 1　切花×多肉植物

49　贈禮 ×多肉植物

50　胸花×多肉植物

52　花束×多肉植物

54　切花×多肉植物

56　彩繪花盆×多肉植物

58　玻璃瓶×多肉植物

60　蛋盒×多肉植物

62　column 2　禮物×多肉植物

63　栽培 ×多肉植物

64　工具＆材料

65　澆水

66　繁殖法＆修整法

71　疾病和蟲害

72　種在馬克杯中

74　四角形盆器的組合盆栽

76　圓形盆器的組合盆栽

78　各屬的培育法

83　column 3　放大鏡×多肉植物

84　多肉植物的培育法Q＆A

室內空間 × 多肉植物

▶ P.7〜

以多肉植物裝飾室內時，重點是活用品種的特性。若能選擇適合該場地的品種，多肉植物便能健康成長。本章將介紹裝飾方法與重點。

1

贈 禮 × 多肉植物

▶ P.49〜

自己栽培的多肉植物，或直接購買市售的多肉植物，不僅能連盆直接當作禮物，只要再稍微加工一下，就會變得更可愛。本章將介紹如何活用多肉植物特性來當作禮物的作法。

2

栽培 × 多肉植物

▶ P.63〜

多肉植物擁有強韌的生命力。但因為是生物，疏於照顧仍會枯死。本章將詳細介紹培育多肉植物的訣竅，以及漂亮製作組合盆栽的方法。

3

INTERIOR

室內空間 × 多肉植物

不同品種的多肉植物,可營造出不一樣的氛圍,
因為它們生命力強韌,基本上能裝飾在任何地方。
雖說如此,仍有適不適合的問題,裝飾前須仔細了解品種的特性。
如果能適應某房間,隨著季節轉換葉子會變紅,
或長出許多厚葉,漂亮地點綴房間的局部。
本書中,將教你如何挑選和裝飾,適合各房間的多肉品種。

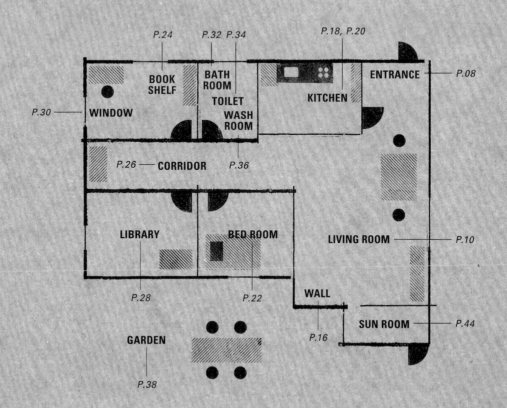

P.24　P.32 P.34　　　　P.18, P.20

BOOK
SHELF

BATH
ROOM

TOILET

WASH
ROOM

KITCHEN

ENTRANCE ── P.08

P.30 ── WINDOW

P.26 ── CORRIDOR　　P.36

LIBRARY　　BED ROOM

LIVING ROOM ── P.10

P.28　　　　P.22

WALL

SUN ROOM ── P.44

P.16

GARDEN

P.38

ENTRANCE

玄關 × 多肉植物

入口處是房子的門面，
那麼重要的地方應常保潔淨。
若有能採光的窗戶當然很好，
但若沒有光線時，
可定期替換多肉植物當作裝飾，
這樣一來，植物不會受損也能常保新鮮感。

2 1 3

1 │ 望月
疣仙人掌屬

望月的整體覆滿白色的刺，美麗的姿態與滿月（P.21，1-A）非常類似，不過滿月的品種中，刺尖硬的稱為望月。圖中就是刺尖硬的品種。望月從初春開始綻放美麗的花朵，很容易栽培。

2 │ 神刀
青鎖龍屬

先長出朝兩個方向伸展的大葉片，之後長成蓮座形。外皮呈霧面質感，葉肉非常厚。外觀呈淡藍綠色，很漂亮。夏季不耐濕熱，須放在通風良好的地方，減少澆水。成長緩慢。

3 │ 翡翠木（又名發財樹・成金草）
青鎖龍屬

它是具代表性的品種。好像奶奶家有種耶！可能是會令你想起某人的品種吧！它之所以長銷的原因，就因為它很容易栽種。具有發財象徵的名字也是吸引人的原因之一。

LIVING ROOM

客廳 × 多肉植物

將尺寸略大的多肉植株，
和小尺寸的組合在一起，
就成為具分量的漂亮室內裝飾。
配合室內布置挑選適合的容器。
可依照自己的喜好享受組合樂趣，
也是多肉植物的魅力之一。

1 | 組合盆栽

這個盆器是古早的白鐵製麵包模。像這樣饒富韻味的盆栽，也能使用其他廢棄容器，再生利用製作成多肉植物盆栽。盆器也需配合多肉植物的風格，才能呈現素雅沉穩的氛圍。這個盆栽以植株高的綠色彩雲閣為主角，再重點加入較明亮的錦乙女和黃金司，給人略微華麗的印象。初春時，組合栽種綻放花朵的疣仙人掌屬，能呈現華麗感。在不同季節，欣賞植株慢慢成長的姿態，便是組合盆栽的魅力所在。

A 月影丸　疣仙人掌屬
B 天守星座　十二卷屬
C 彩雲閣　大戟屬
D 錦乙女　青鎖龍屬
E 白星山　疣仙人掌屬
F 赤棘黃金司　疣仙人掌屬
G 般若　有星屬

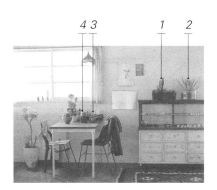

2 │ 龍舌蘭
龍舌蘭屬

美麗的龍舌蘭屬，長得越大，外形越呈現蓮座形。它呈漂亮的藍綠色，黑刺成為特色重點，更顯華麗。葉細，葉尖非常尖銳也是其特徵。尖刺會刺痛人，作為裝飾時，最好放在不易觸碰到的地方。

3 │ 珊瑚蘆薈
蘆薈屬

蘆薈有各式各樣的品種，這裡介紹的是葉子比較薄且纖細的珊瑚蘆薈。葉緣變淡呈白色，整體散發淡雅柔和的氣氛。生命力強韌容易種植，因葉片會長得很大，在視覺上也饒富趣味。

4 │ 銀翁玉
智利球屬

仙人掌中分為容易開花和不易開花的品種，而這個品種很容易開花。了解這點後，便能簡單讓仙人掌開花。銀翁玉能開出非常多的美麗花朵。

5 | 天龍
黃菀屬

圖中是長成大植株的天龍。它耐寒且耐熱，很容易栽培，最適合作為室內裝飾的主角。下面的葉子枯萎後向上生長，一般的狀態是只有上面部分長著葉子。盛夏落葉後會進入休眠狀態。

6 | 銀手毬
疣仙人掌屬

它是非常小的仙人掌，附有許多子球的姿態非常可愛，很受歡迎。它的刺為捲刺，即使碰到也不會痛。子球掉落後，能直接生根成長。植株尺寸還很小時便會開花。

7 | 松笠團扇
灰球掌屬

灰色的株身與長長的白刺形成對比，是非常漂亮可愛的品種。成長雖然非常緩慢，但生命力強韌，很容易培育。在長刺的根部有許多細小的刺，要小心不要誤觸。

LIVING ROOM

8 | 福祿龍神木
龍神柱屬

它屬於柱形仙人掌。雖然朝上生長，但植株的姿態看起來如同融化的蠟燭般。美麗的藍綠色中的黑刺是它的特色重點。植株會隨著生長慢慢變粗。

9 | 紅鷹
瘤玉屬

紅鷹的刺很美，宛如煙火一般。漸層色彩的長刺與丘陵般的外形煞是美麗，專屬於仙人掌的造型之美總令人看得入迷。它的花也很漂亮，開得又大又燦爛，特別推薦給想欣賞盛開花朵的你 。

10 | 美空鉾
黃菀屬

它既耐寒也耐暑，很容易栽培，是能長成大植株的品種。若缺少水分，它的葉片會立刻變得乾瘦，所以若稍微變得乾扁時，就要多澆點水。它是澆水量不太需要控制，也能漂亮成長的品種。

11 | 永樂
天錦章屬

具有波浪狀捲邊的葉形十分漂亮，這也是天錦章屬的特色。褐色如妖怪的莖非常可愛，因此大受歡迎。成長變大後，莖會變得更長，成為有氣勢的植株。

WALL

牆壁 × 多肉植物

如同裝飾圖畫般，不妨試著在牆上裝飾多肉植物吧！
若是掛在沒有日照處，
別忘了偶爾也要讓植栽曬曬太陽。
可以和海報一起裝飾，更能營造氛圍，
在屋裡布置出自己喜愛的角落吧！

1 │ 組合盆栽

以琺瑯淺盤當作畫框，水苔作為培養土，再以風箏線仔細固定，這樣就能裝飾在牆壁上，看起來好似一幅多肉植物的風景圖般。依照個人喜好，配置組合在一起的仙人掌和多肉植物，輕鬆就能完成漂亮的組合盆栽。景天科的植株，可像扦插般插入水苔中，也可像切花般加以變化，很簡單就能完成了！

A 凡布林　擬石蓮屬
B 紅彩閣　大戟屬
C 紅小町　南國玉屬
D 藍色天使　景天屬
E 虹之玉　景天屬

2 │ 喬斯德羅普
景天屬

具有漂亮的紅色和錯落生長的葉子，散發可愛的氛圍。在紅葉期時，綠色的莖會變得通紅，葉子也會變紅。隨著成長，莖若長得太長，修剪後還會從下方群生長出子株。這個作品是搭配舊鐵鍬來種植。

KITCHEN_1

廚房（水槽）× 多肉植物

待在廚房烹調的時間出乎意料的長。
在製作料理時，身邊若有多肉植物，
有空檔時便能欣賞和接觸，
會是很棒的療癒時間喔！
種在容器裡的迷你多肉植物，
可整齊排列在窗邊等處欣賞。

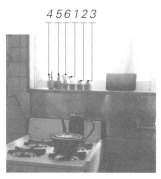

1 | 桃之嬌
擬石蓮屬

樹型種，隨著下葉枯萎，莖幹會逐漸向上生長。紅葉期成為葉緣泛紅的紅葉，是紅、綠對比的美麗品種。耐寒又耐熱，很容易栽培。

2 | 靜夜
擬石蓮屬

它屬於小型且纖細的品種。紅葉期只有葉尖變成美麗的紅色。不耐熱，夏季時最好減少澆水，並放在通風良好處。

3 | 金晃丸
金晃屬

它具有美麗的金黃色刺，是惹人注目的品種。渾圓可愛的姿態，即使長大依然深受歡迎。圓形的外觀長大到某程度後，開始呈柱狀生長。

4 | 金手毬
疣仙人掌屬

它是捲刺的小型種仙人掌，刺呈美麗的金黃色非常漂亮。在組合盆栽時，可說是非常重要的角色。纖細成長的姿勢也很可愛，從新長出的許多子株慢慢培育成大株，也饒富趣味。

5 | 橙棘紅彩閣
大戟屬

它是具有橙色棘刺的紅彩閣。與紅彩閣原是相同的品種，不過本來火紅的刺卻轉變為橙色。與紅刺品種一起組合盆栽，能展現鮮麗的色彩。

6 | 姬星
青鎖龍屬

它具有錯落生長的葉子，是可愛的小型品種。植株小，紅葉期只有葉緣會充分變紅。因為具有縮小模型的趣味感，常常作為組合盆栽的配角，不過單獨栽種也極具存在感。

KITCHEN_2

廚房（置物架）× 多肉植物

廚房有許多可愛的用具，
例如砧板、餐具、調味罐等。
放置在其中的多肉植物，
以大地色系整合統一，
利用餐具或廚房用具作為盆鉢，
可突顯其存在感。

1 ｜ 組合盆栽

這是在白鐵蛋糕模中，組合栽種白刺的仙人掌。因為使用廚房原有的用具，不會格格不入，能讓多肉植物與廚房自然融合。這個盆栽能讓人享受到仙人掌安靜成長的樂趣。沒有日照處，絕不可栽種景天科等多肉植物，但如果是仙人掌，只要讓它定期接受日曬就沒有問題。如果仙人掌越長越細，表示日照不足，這時要定期將盆栽放到日照良好處進行日光浴。

A 滿月　仙人掌屬

B 鶴小丸　疣仙人掌屬

C 春宮　疣仙人掌屬

D 黃刺象牙團扇　仙人掌屬

E 金晃丸　金晃屬

F 象牙團扇　仙人掌屬

G 白星山　疣仙人掌屬

2 ｜ 天守星座
十二卷屬

葉肉厚，長有白色斑點，呈漂亮的綠色，和其他多肉植物比較起來，外表較不怪異，白與綠色給人清爽的感覺。因為是十二卷屬，即使日照較少也很容易栽培。

3 ｜ 幻樂
老樂柱屬

幻樂長有輕柔蓬軟的毛，簡直就像嬰兒的胎毛般可愛，是惹人憐愛的品種。最好別在蓬軟的毛上澆水，毛會更加蓬鬆，澆水時請留意。

BED ROOM

寝室 × 多肉植物

多肉植物是景天酸代謝（CAM）型植物，
特點是不在白天行光合作用，而是在夜晚進行。
因此儘管微量，
它們仍會吸收二氧化碳，呼出氧氣，
適合栽種在臥室。

1 2 3 4 5 6

1 | 雅樂之舞
馬齒莧屬

它是葉片有斑紋,全年皆美麗的品種。紅葉期間只有葉緣變為美麗的粉紅色。不耐寒,冬天一定要栽種在室內。因樹形有趣,也可以修剪成自己喜歡的造型。

2 | 桃美人
厚葉景天屬

葉片渾圓膨起,如葡萄般的外形非常可愛。紅葉期會從粉紅色變成紫色。雖然長得很慢,但極耐寒暑,很容易培育。若有良好的日照,葉片會變粗。

3 | 千兔耳
伽藍菜屬

它是表面覆蓋著輕柔絨毛的伽藍菜屬的一員。擁有寵物般的可愛感,且極具存在感。因為不耐寒冷氣候,冬季時一定要放在室內栽培。不太會變紅葉,會如樹木般向上生長。

4 | 吉祥天錦
龍舌蘭屬

外形為緊密的蓮座形,葉片呈雙色調斑紋,給人明亮、可愛的感覺。黑色的刺是重點特色。漂亮的蓮座形極具魅力。生命力強韌,容易栽培。

5 | 鐵甲丸
大戟屬

它的外形雖然奇特,但很受人喜愛,是高人氣的品種。冬季落葉後,只剩下光禿禿如松果般的莖,看起來令人擔心,不過春天降臨時,它的葉子又會茂盛地生長。

6 | 狸狸丸
疣仙人掌屬

呈球狀長大到某程度後,如圖般開始呈柱狀成長。會開出皇冠狀的粉紅色花朵,非常漂亮。極耐寒暑,甚至整年都能放在室外栽培。

BOOK SHELF

書架 × 多肉植物

書架或許是最能呈現出
個人喜好的地方了吧！
架上不只能裝飾小盆栽，
我也建議搭配大盆栽，
還可以兼作書擋。
選擇適合書架風格，
且自己喜愛的盆缽就沒錯了！

1 | 組合盆栽

橫長的四角形盆缽，能栽種任何品種的仙人掌，並突顯每一類的特色，輕輕鬆鬆就能組合出漂亮的盆栽。裝飾在書架上，排成一列的仙人掌的姿態非常漂亮，光看著就讓人感覺愉悅。組合栽種時。一邊讓它們呈現高低差，一邊留意橫向排列的植物樣子和顏色的搭配。

A 瑠璃晃　大戟屬

B 黃金司　疣仙人掌屬

C 紅小町　南國玉屬

D 黃棘象牙團扇　仙人掌屬

E 幻樂　老樂柱屬

F 金晃丸　金晃屬

G 橙棘紅彩閣　大戟屬

H 龜甲殿　疣仙人掌屬

2 | 長棘般若
岩星屬

般若屬於長刺的品種，長長的刺簡直就像蜘蛛腳一般。白色的表皮襯托褐色的刺，看起來更加顯眼。它的生命力很強韌，不太需要澆水，最好定期給予日照。較不耐夏季的悶濕氣候，夏天時更需減少澆水。

3 | 玉牡丹
岩牡丹屬

被視為牡丹類的品種，在仙人掌中被認為是最為進化的種類。無刺，只形成硬疣。生長得非常緩慢，但生命力強韌，容易培育。

CORRIDOR

走道 × 多肉植物

室內走道若能接受日照，
就很適合栽培多肉植物，
和工具放在一起，在角落打造出一個栽培區塊，
也可隨時進行換盆等栽培作業。
若走道不太有日照，
請定期讓植物進行日光浴。

1 2　　3 4

1 │ 猿戀葦
假曇花屬

和絲葦屬非常類似,被歸類在多肉植物中。從冬季至春季,前端會開出黃色小花。如叢生般茂密生長垂下,晃動時能欣賞到美妙的姿態。

2 │ 翠葉蘆薈
蘆薈屬

因為斑點少,泛白的綠色葉片給人更明亮的印象。肉厚的長葉片如蓮座形般展開。植株具有存在感,建議找大一點的植株來栽種。生命力強韌,很容易培育。

3 │ 綠珊瑚
大戟屬

莖向上連接叢生般生長的品種。莖部受傷會分泌白色汁液,因此又名乳蔥樹。日照不足時前端會變細,最好放在日照良好的地方管理。

4 │ 組合盆栽

這是在蛋糕模中,製作十二卷屬多肉植物的組合盆栽。以少日照就能培育的十二卷屬,有各式各樣的品種,外觀呈綠色,外形變化多端。能放在架子上或照不到太陽的地方栽種,照顧十分容易。雖說如此,若放在完全沒日照之處,植株會逐漸衰弱,所以還是要讓植株定期接受日照。若是葉子變長,蓮座形變形,就表示日照不足。別忘了隨時觀察植株,若早點發現,便能儘快處理,以便恢復成原來的樣子。

A 玉扇　十二卷屬
B 青雲之舞　十二卷屬
C 雫石　十二卷屬
D 花鏡　十二卷屬

LIBRARY

書房 × 多肉植物

何不在工作台上擺些多肉植物，以獲得療癒感呢？
只要在電腦旁或桌上稍微擺上幾盆盆栽，
就能讓人感到心情平靜。若是靠近窗邊，
建議可以讓它們放在那裡接受日照，
是近距離觀察多肉植物的絕佳場所。

1 2 3 4

1 熊童子
銀波錦屬

渾圓肥厚的葉子很惹人愛憐，葉形也令人
注目。葉片看起來是不是很像小熊的手掌
呢？葉尖的凹凸就如爪子一般。紅葉時，
前端的爪會變成紅色，可愛度倍增。

2 藍色天使
景天屬

莖長長伸展的姿態非常可愛。下面的葉子
枯萎後，莖便會慢慢地伸展變長。隨著生
長得越久，越能欣賞到植株的動態感。葉
子呈淺色調，尖銳的葉形極富魅力。

3 仙童唱
艷姿屬

時常呈現只有上方長著小葉的姿態。同屬
的黑法師雖然著名，不過仙童唱還不太為
人所知。特色是植株小，具有花一般的葉
形。它不耐寒暑，僅在春季和秋季成長。

4 慶雲丸
南國玉屬

中心部分形成平坦的空間，周圍整齊長著
漂亮的紅褐色刺。圖中是長在上面的花已
謝掉的狀態。開花期能欣賞到盛開的數朵
黃色大花。

WINDOW

窗邊 × 多肉植物

喜好陽光的多肉植物，
在室內時最適合擺放在窗邊。
放在有日照，不太會受寒暑影響之處；
可在窗邊作個架子來培育。
伽藍菜屬不耐寒，建議放在室內栽種。

1 月兔耳
伽藍菜屬

擁有月兔之耳如此浪漫的名字。覆蓋絨毛
的葉和莖,觸感如絲絨一般,感覺非常
棒。它的動物感,讓人興起如憐愛寵物般
的心情。植株可長得很高大。

2 長壽花
伽藍菜屬

它是有斑紋的品種,紅葉期時葉子會變成
鮮麗的粉紅色。特別不耐寒,冬季時葉子
雖會枯萎,但春天來臨便開始茂密生長,
恢復生機。莖往上生長,冬季時會開華麗
的紅色花朵。

3 不死鳥
伽藍菜屬

葉緣會長出子株,子株長大到某程度,便
會掉落於地面繁殖,是生長方式獨特的品
種。因繁殖力很強,所以得到不死鳥之
名。不耐寒,冬季需放在室內照顧。

4 獠牙仙女之舞
伽藍菜屬

在葉片的背面有牙狀突起,因而得名。整
體長有絨毛,顯得輕柔蓬軟。褐色的植物
很少見,也曾經被人問過:「這植株是枯
萎了嗎?」會如樹狀豎立成長變大。

5 朱雀
伽藍菜屬

火紅鮮麗的紅葉外形非常漂亮,葉子整體
變紅之後,配上葉緣的皺邊,造型簡直就
像雞冠一般,容易讓人這麼聯想。植株群
生,生長得特別快。

BATHROOM

浴室 × 多肉植物

浴室的濕氣很重，這樣的場所或許和
多肉植物的形象不太能夠連結，
不過像迷你仙人掌的體內能儲存水分，
只需要很少的水就夠了。
若以玻璃容器栽種裝飾在窗邊，
透光的質感將會非常漂亮。

1 2 3 4

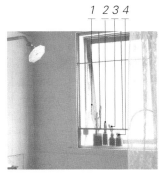

1 異鄉閣
大戟屬

高度高，向上伸展的姿態具有象徵性又美麗。植株細長群生，存在感十足，容易長成漂亮的外觀。在溫暖季節時雖然會長出小葉，不過冬季落葉後就成為無葉的姿態。不耐寒，氣候嚴寒時請留意。

2 紅彩閣
仙人球屬

綠色株體上長著紅刺很漂亮，是很受歡迎的品種。若全年給予水分，前端成長點的刺就能保持紅色。不耐夏季的濕熱氣候，需儘量減少澆水。若日照不足，葉子之間的距離容易變長。

3 象牙團扇
仙人掌屬

象牙團扇擁有一片片相連的扁平渾圓葉片，長大的姿態十分可愛。如果日照不足，葉片會伸長成為棒狀，無法呈現渾圓的片狀。以扦插方式就能簡單長出新株，也是很容易繁殖的品種。

4 黃棘象牙團扇
仙人掌屬

它是具有黃刺的象牙團扇，特性和象牙團扇相同，而且更容易培育。澆水量若不足，葉片會變得細軟而傾倒。碰到這種情形時，只要及時給予水分就能恢復生氣。不小心誤觸尖刺時會感到出乎意料地痛，所以請務必小心。

TOILET

洗手間 × 多肉植物

洗手間大多缺乏日照，適合裝飾比較耐陰的品種，
儘管如此，若長期沒曬太陽植株會變得衰弱，
建議最好定期讓盆栽作日光浴，
或組合多種品種輪流替換。
植株生氣勃勃的姿態，也能呈現潔淨、清爽的感覺。

1 2 3

1 │ 組合盆栽

這是十二卷屬和絲葦屬的組合盆栽。擁有
十二卷屬欠缺的纖細線條的絲葦屬，能使
作品呈現動態感，顯得更加華麗。十二卷
屬長大後，葉子會下垂，也能呈現律動
感。雖為綠色，但仍有深淺濃淡、洋溢出
歡樂的氣氛。製作組合盆栽時，一邊看著
葉色，一邊仔細挑選相鄰的品種，沿著盆
缽邊緣的線條，保持平衡地配置植株。鼓
笛錦的黃色部分為斑紋，斑紋是因缺乏色
素的突然變異情況，鮮麗的黃色十分引人
注目。在只呈綠色的十二卷屬中，這個黃
色更形珍貴，最適合作為組合盆栽中的重
點特色。

A 鼓笛錦　十二卷屬
B 青柳　絲葦屬
C 鼓笛　十二卷屬

2 │ 丹提提
十二卷屬
蘆薈屬

它是德氏蘆薈（Aloe descoingsii）和琉璃
姬孔雀（ Aloe haworthioides）的交配種。
葉緣和表面有突起，個性十足。若有充足
的日照，會像圖中那樣呈紅褐色，若日照
不足，則維持鮮豔的綠色。花朵很可愛，
很容易開花。

3 │ 玉扇
十二卷屬

葉尖彷彿因故被切齊般的奇特品種。葉片
前端的表面形成鏡片構造，藉此聚集光線
以行光合作用。特色是只朝兩個方向生
長。像這樣子株從側面長出後，也是朝兩
個方向生長。

WASHROOM

洗臉台 × 多肉植物

家中最具潔淨感的白色空間，
很適合搭配清爽的綠色。
雖然日照差，但可擺上較好培育的
十二卷屬或絲葦屬，簡單就能栽種。
請一邊觀察生長情況，一邊定期給予日照。

3 2 1

1 | 雫石
十二卷屬

葉尖如凸面鏡般呈圓弧形，具有透明感。
觸摸起來比想像中還要硬，質感結實。和
青雲之舞的栽培方法相同。若沒有足夠的
日照，要減少澆水量，日照時需澆水。

2 | 青雲之舞
十二卷屬

葉肉厚，如花朵般展開漂亮的蓮座形。放
置處若日照強烈，葉色會變成褐色，若日
照不足，葉子會伸長，使蓮座形變形。栽
培時，請一邊觀察生長的姿態，一邊調整
日照量。

3 | 青柳
絲葦屬

青柳雖然長成如圖中的外型，它卻是仙人
掌科的植物。從外觀看來也不像多肉，給
人纖細的感覺。葉片一節節相連生長垂
落。原本具有森林性，附著在樹木上生
長。比其他多肉植物要給予更多的水分。

GARDEN

庭院 × 多肉植物

要放在庭院中培育的品種，
請選擇能耐寒暑的植株。
冬季紅葉期時，植物的葉子
會比放在室內顯得更加鮮豔美麗。
還能以多肉植物漂亮地裝飾餐桌。
不過隆冬時請移到較溫暖的屋簷下，
會比較令人安心。

1 ｜ 組合盆栽

變長的多肉植物，修剪下來陰乾後，就種在這個有孔的磚塊裡。扦插前雖然已陰乾，不過當時為了讓莖向上生長不彎曲，於是將它們插在磚裡。這麼一來，長出的根竟然伸展到泥土中，牢固地長根，可見多肉植物的生命力強得令人驚訝。因為一直放在室外，紅葉期的顏色顯得更鮮麗。

A 虹之玉　景天屬
B 秋麗　風車草屬
C 大扇月　青鎖龍屬

2｜凡布林
擬石蓮屬

葉尖尖銳，葉形展開呈美麗的蓮座形。紅葉期只有葉尖會變紅。極耐寒暑，容易培育。不會像樹型種長到某種高度，便能從下面群生出子株。

3｜初戀
風車草屬

耐寒暑，長得又快，非常容易培育。若有足夠的日照，會長成美麗的大型蓮座形。製作組合盆栽時，請先預留會變大株的空間再栽種。葉插就能簡單繁殖，是容易增生的品種。

4｜東美人
厚葉景天屬

紅葉時期，植株整體泛紫，呈現美麗、妖豔的氛圍。和其他的厚葉景天屬比較起來，它的葉片較細長、略薄。成長緩慢，如樹型種般一邊長高，一邊變大株，是容易培育的品種。

5｜花乙女
擬石蓮屬

它是和葉子表面有突起，給人如蕾絲般纖細印象，名為「青渚」的品種的雜交種。紅葉期葉子會變紅，顯得更漂亮。不耐夏季的悶熱氣候，夏天時要減少澆水，並放在通風良好、涼爽的地方管理。

2

3

4

5

6   7

6 | 虹之玉錦
景天屬

它是多肉植物的代表種「虹之玉」的斑紋種。灰色的葉片從秋季到冬季，逐漸轉變顏色。擁有斑紋的姿態變化，因而被稱為虹之玉錦。製作組合盆栽時，鮮麗的桃紅色也成為重點特色。

7 | 朧月
風車草屬

肉厚、結實的葉片，展開如美麗的蓮座形，會直立往上生長，是樹型的多肉植物。長高至某程度後，因重量會傾倒，之後從根部逐漸長出子株繁殖。以葉插或扦插法都很容易繁殖，是容易培育的品種。

8 | 高砂之翁
擬石蓮屬

姿態宛如珊瑚般，是有個性的品種。冬季時葉子變得通紅，能展現鮮豔美麗的姿態。若有足夠的日照，紅葉的顏色變得更鮮麗。栽培時若受到雨淋，葉子會有斑點，所以最好放在能避雨的屋簷下等處。

11 10 9 6 7 8

9

10

11

9 | 桃之嬌
擬石蓮屬

呈近似黃色的鮮豔綠色。在冬季寒冷的時
節，看到這個顏色，會讓人精神一振。會
往上生長的樹型種，下面的葉子會慢慢枯
萎，呈現只有上面部分有葉的狀態。

10 | 花麗
擬石蓮屬

植株長大後葉子也會變得更多層，十分美
麗。紅葉期只有葉緣會變色。容易開花，
初春時會開黃色鈴狀的花朵，還能欣賞到
花莖長長伸展的姿態。花謝後，花莖完全
枯萎後請去除，之後便會長出子株。

11 | 赫麗
擬石蓮屬

它屬於大型品種。在紅葉期時葉片變成鮮
麗的紅色，呈現美麗的蓮座形。特徵是不
會像樹型種一樣直立生長，而是長成很大
的蓮座形。若以連著花莖的小葉進行葉
插，會長出子株。

SUN ROOM

陽光室 × 多肉植物

這是能充分照射陽光，同時能避雨的場所。
因為多肉植物非常喜好陽光，
若有一間陽光室，
任何植物都能漂亮地培育成長。
冬季的夜晚也能保溫，讓人放心。
是栽種多肉植物的夢幻空間。

1│銘月
景天屬

特色是具有鮮麗、富光澤的黃色葉片，在景天屬中，屬於成長較緩慢的品種。會向上生長的樹型種，長成大株後，莖會從根部開始像樹一樣變成褐色（木質化），這是這個品種的特性，請放心。

2│紫麗殿
厚葉景天屬

全年均呈紫色。冬季紅葉期時，顏色會變得更鮮豔。葉和莖的表面覆有白粉，呈霧面的質感。葉肉非常渾厚、飽滿。雖然成長緩慢，但能長成相當大的蓮座形。

3│銀箭
青鎖龍屬

葉和莖的表面覆有絨毛。樹型種，會生長得很高，同時分枝，不斷地群生。下部會像樹木般木質化，以便穩固地支撐上部。栽種時可修剪整理外形。

4│紅輝壽
擬石蓮屬

莖呈褐色，葉呈綠色。樹型種，下面的葉子枯萎後便向上生長。紅葉期時只有葉尖變成紅色。葉和莖全部被覆絨毛，呈毛茸茸的質感。生長緩慢，需慢慢地培育。

5│摩氏玉蓮
擬石蓮屬

特徵是葉片邊緣呈紅色，成長得非常遲緩，無法長得很大，是需要耐心培育的品種。夏季不耐暑熱，所以要放在通風良好處，減少澆水量，以度過夏季。較耐冬季的嚴寒氣候。

6 │ 組合盆栽

這個盆栽是在大容器中栽種許多多肉植物。只要種入各式品種，便能更加突顯每一種的形狀和顏色，成為賞心悅目的作品。以植株高的黑法師為中心，一邊視整體的平衡，一邊組合栽種。黑法師喜好光線，適合搭配性質接近的品種。從黑法師開始配置，尋找類似的品種，並種在旁邊，重複這樣的作業，便能順利完成。彷彿能讓人悠閒眺望庭園景致一般，成為具有庭園式盆景趣味的植栽。植株長大後，整體平衡會瓦解，培育時請隨時修剪與整理。

A 黑法師　艷姿屬
B 紅稚兒　青鎖龍屬
C 南十字星　青鎖龍屬
D 乙女心　景天屬
E 奇妙仙子　青鎖龍屬
F 虹之玉　景天屬
G 寶珠　景天屬
H 小圓刀　青鎖龍屬
I 艷鶴丸　麗花球屬
J 夕映　艷姿屬

7 | 吹上
龍舌蘭屬

它的葉子呈放射狀美麗伸展，會生長成蓮座形。葉子非常細，呈棒狀。葉尖有非常尖銳的刺。被刺到時很痛，必須留意放置的場所。生命力極強，澆水量少也沒問題。

8 | 短毛丸
仙人球屬

短毛球是會開出漂亮花朵的仙人掌。花朵美麗，生命力強韌，一直是極受歡迎的品種。深綠色的株體上有黑色的刺，成為它的重點特色。非常耐寒，常可見到在室外長年生長。

9 | 天使之淚
景天屬

渾圓肥厚的葉子非常漂亮。葉子和莖的表面覆有白粉，呈霧面的質感。淡淡的色調卻散發一種妖豔之美，非常受歡迎。和其他景天屬植物比較起來，成長較緩慢，屬於樹型種，會向上生長。

10 | 八千代
景天屬

下面的葉子逐漸枯萎後，僅上方長有葉子。以結實、粗壯的莖支撐株體。擁有宛如樹木般的奇特姿態，極具人氣。在紅葉期，所有葉子會變成泛黃的綠色，只有葉尖會變紅。

11 | 金琥
金琥屬

金琥乃仙人掌之王，是眾所周知的仙人掌。在植物園等場所，這種仙人掌可說是一定會存在的品種。大約需生長30年才會開花。金黃色的刺非常美麗。

12 | 超級白雪
蘆薈屬

具有粉紅色和白色斑點花紋，是美麗的蘆薈屬的一員。外形不像一般的蘆薈，很受歡迎。葉片扁薄，葉上具有蘆薈的特色斑點。讓它接受充分的日照，會變成鮮麗的粉紅色。

切花

×

多肉植物

我想很少會有人栽種高度如身高般的大型多肉植物。多肉植物不像觀葉植物長得那麼快，不占空間，小巧的體型也是它的魅力。若想在打造室內的一隅，表現分量與華麗感時，建議可搭配切花一同裝飾。在花店中看到喜歡的花朵，即使只有一朵也能一起搭配，營造出與平時截然不同的嶄新空間。若是想呈現分量感時，建議可以使用大花瓶來插入如同花外型的葉材。能裝飾在陰暗處或無日照的地方，也是切花的魅力之一。如果只裝飾花朵，看起來太過可愛時，可試著混搭多肉植物或喜愛的雜貨，便能完成自己喜愛的漂亮空間。撿到的石頭或乾燥花等，都能和多肉植物組合配置。只需要鋪塊布，就能大幅提升整體的感覺。當客人來訪時，將植物擺放在桌上稍加裝飾，便能讓賓主盡歡。藉著多肉植物的話題，大家會聊得更起勁。多肉植物不只可享受栽培的趣味，還能體驗裝飾的樂趣。

GIFT

贈禮 × 多肉植物

最近似乎有很多人將多肉植物當作贈禮。
它們的顏色雖然不像花朵那樣地五彩繽紛，
但多肉的姿態比任何植物都還要令人感到驚奇。
光是一般的栽培方式就很有趣，
不過在此還要介紹只有多肉才能帶來的樂趣。
可以製作成胸花，
當成服裝上的重點裝飾，還可以種在蛋盒中，
或大量運用在花束裡……
相信可讓你對多肉植物的印象大幅改觀喔！

只要集合數種喜愛的多肉植物，就能簡單製作成胸花。

單純地放在口袋裡也很可愛喔！

作法

準備材料

繡球花（不凋花）‧花藝用膠帶‧鐵絲‧
多肉植物（春萌‧朧月‧新玉綴）

為了方便纏捲上鐵絲，將多肉植物的下方
葉片剝除。

在去除下葉的多肉植物的莖上，放上彎成
U形的鐵絲。

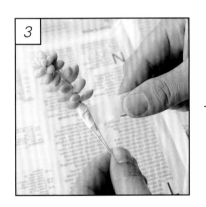

在步驟2上纏捲花藝用膠帶。

纏捲完成的樣子。

U形鐵絲緊靠繡球花莖，以其中一端鐵絲
一圈圈捲繞固定。

繡球花也同樣以花藝用膠帶纏捲。將所有
花材都纏捲完成。

一邊保持平衡，一邊進行組合，決定外觀
配置後，組合所有花材，以膠帶捲繞固
定。固定之後，調整整體的外形。

＼ 完成 ／

以下介紹的是多肉植物和不凋花組成的花束。

若要組合成一束，訣竅是調整成圓弧形。

作法

準備材料

瓊麻・繡球花（不凋花）・多肉
植物（白牡丹・秋麗・姬朧月・
黃麗・天使之淚・蝴蝶之舞錦）
・鐵絲・緞帶・花藝用膠帶・斜
嘴鉗・剪刀

將繡球花分枝成小株。

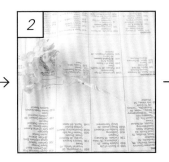

依照P.51的步驟2至6的要領，以
鐵絲加在繡球花花莖上，並以花
藝用膠帶捲繞。

剝除多肉植物的下方葉片，以方
便纏捲鐵絲。

其他的多肉植物也同樣加上鐵
絲。將所有花材都纏捲完成。

一邊保持平衡，一邊組合成喜歡
的外形，植物之間若有縫隙，就
以麻纖維填補。

整體組合變得渾圓平衡後，以花
藝用膠帶纏捲固定。

為了修飾花束底部，加上瓊麻纖
維。

調整整體的感覺，使花束外形呈
現渾圓。

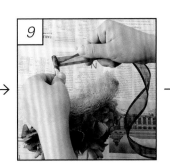

在手把上捲繞緞帶。

在底部牢牢打結。以另一條緞帶
綁上蝴蝶結。

完成

以切花的感覺製作，多肉植物也能插入海綿中。

比起組合盆栽更能夠自由變化。

作法

準備材料

吸水海綿・花器・花藝用膠帶・多肉植物
（春萌・星美人・喬斯特羅普・乙女心・
新玉綴・錦乙女）・鐵絲・剪刀・尤加
利・薰衣草・樹蘭

配合花器形狀切割吸水海綿，並讓海綿吸
水。在海綿下方襯上塑膠紙，放入花器
裡。

剪掉露出花器口的塑膠紙。一邊構思，一
邊依照P.51的步驟2至6的要領，以花藝膠
帶捲繞鐵絲，再插入海綿中。

多肉植物若插得太深，水分太多會導致腐
爛，所以插得稍微淺一點。

為了遮蔽海綿，以葉片填補空隙處，並整
理整體的形狀。

完成

當作花材時的操作重點

最近，多肉植物也常加入花藝作品中增加變化，或被當作插
花的花材。讓多肉植物長期保存的要訣是避免泡水。多肉植
物和其他植物不同，它們具有乾燥才能長根的特性，增加花
藝作品的變化時，加上摺彎的鐵絲，切口就不會直接插入吸
水海綿中，而能稍微保持距離，多肉植物若沒腐爛可能會長
根，再生成為新株。當其他的花都枯萎後，最後保存下來的
一定是多肉植物。只有多肉植物才能讓人享受賞花之後，還
能再種回土中的樂趣。

gift_04

彩繪花盆

×

多肉植物

PAINTED POT

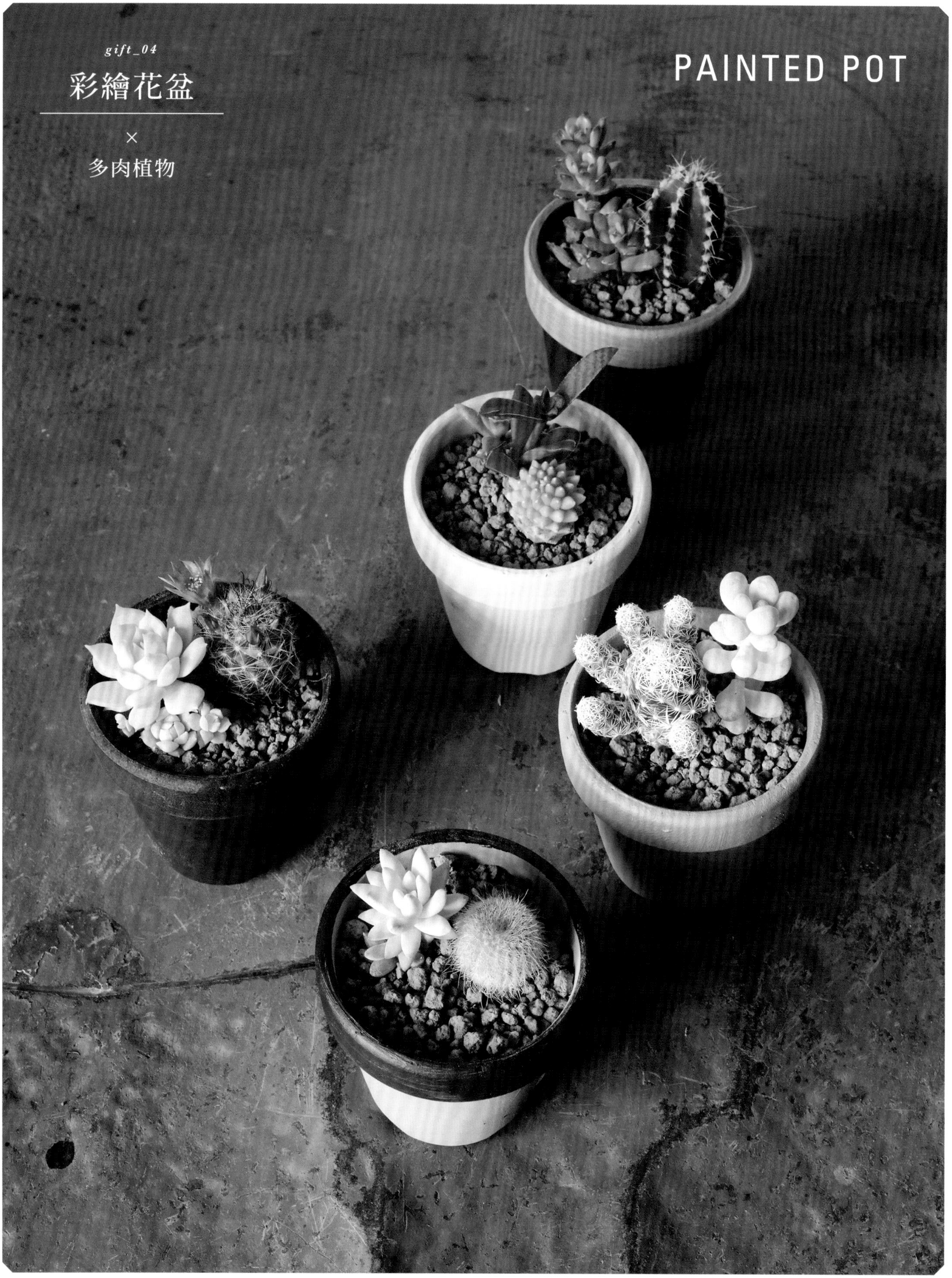

大家熟悉的陶盆只需花點工夫，
就能變得如此華麗。作法非常簡單，可以試試看喔！

作法

準備材料

素燒陶盆（2寸）‧顏料‧多肉植物專用混
合土‧移植鏟‧鑷子‧多肉植物（金晃
丸‧樹冰‧月影丸‧瑪格莉特‧銀手毬‧
天使之淚‧龜甲殿‧筑波根‧弁慶柱‧喬
斯特羅普）‧海綿‧調色盤

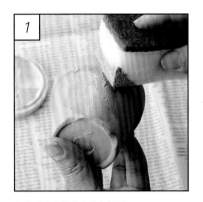

在喜愛的素燒盆上塗上顏料。

花盆內側（盛水空間）也要確實塗色。

在盆底放入盆底網和報紙。

放入土壤。

將要移植的植株放入，縫隙填入土壤。

盆底輕輕叩擊桌面，讓縫隙都填滿土。

再補足土壤。

完成

喜歡的玻璃瓶只要加上鐵絲，

就能掛在牆上欣賞。建議可以使用空的果醬瓶。

作法

準備材料
多肉植物（小美人）・鐵絲・多肉植物專
用混合土・移植鏟・鑷子

如圖示般，將鐵絲纏繞瓶口一圈加以固
定。

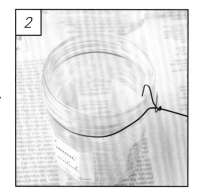

將纏捲的鐵絲前端反摺固定。

另一端也同樣纏綁固定。

在瓶中裝入土壤。

將要移植的植株從盆中取出，若根部緊纏
泥土，可稍微弄鬆。

將植株種入瓶中。

在縫隙間填入土壤。盆底輕輕叩擊桌面，
讓縫隙都填滿土。

完成

組合栽種小型多肉植物時，也很適合使用蛋盒。

不論是紙製或塑膠製的蛋盒都OK。

作法

準備材料
多肉植物（樹冰‧喬斯特羅普‧金晃丸‧
象牙團扇‧八千代‧金手毬‧紅小町‧弁
慶柱‧筑波根‧瑪格莉特）‧水苔‧蛋盒

在水苔中加入水，將整體浸濕。

以水苔包住植株根部。

將附土的根部包成團狀，放入蛋盒中。

一邊觀察整體的平衡，一邊決定配置。

\ 完成 /

以水苔栽種的重點

使用水苔變化栽種的形式時，種入盆中前需將水苔擠乾，以
排除多餘的水分。若放在通風差的地方，多肉植物在長根前
可能會發黴，所以要注意放置場所。使用大量水苔時不易變
乾燥，易使植株根部腐爛，所以水苔適用於小容器，或難以
填入泥土的容器。想用於大盆缽時，大概只要覆蓋在上面3
至5cm厚即可，下層最好還是使用一般的混合土。

禮物
×
多肉植物

多肉植物藉由葉插或扦插方式就能簡單繁殖。葉插尤其簡單，只要將植株上剝下的葉子直接放在土上，等長出子株或生根後，再種入土中，之後就能長成像母株一樣漂亮的多肉植物！若有伸展出來的長枝，切下讓它乾燥後再插入土中，這樣也能生根成長。觀察多肉植物的成長，是令人感動的過程，持續這樣的作業，就能繁殖出許多的多肉植物，甚至有人會多到沒地方擺呢！繁殖出的多肉植物，可以當作禮物分贈給朋友，讓朋友也能共享可愛的多肉植物，這也是一大樂事。收到禮物的朋友或許也會進而著迷，反過來將它們當作禮物送給你。栽種的盆缽不必太講究，可以利用不要的布丁或優格等塑膠容器，再將它們裝入紙袋中當成禮物。紙袋上可寫些留言、塗上顏色、或蓋上圖章、畫些插畫等。裝飾房間時，也可以紙袋當作多肉植物的套盆，相當可愛喔！

GLOW

栽培 × 多肉植物

「聽說多肉植物很好養就購買了，最後卻枯死了……」
我常聽到有人這麼說。雖然多肉植物擁有強韌的生命力，
但如果不照顧仍會枯死。因為它們畢竟是生物，
不過只要簡單地照顧，全年都能欣賞到生氣蓬勃的多肉植物。
本章節將教你最簡單的栽培訣竅，
非常簡單就能繁殖，所以好好地培育，
繁殖出許多幼苗，快樂地享受和多肉植物在一起的生活吧！

工具 & 材料

以下是栽培多肉植物時的便利工具。
但只要準備部分有需求的即可，
不需要全部備齊，請選擇自己喜歡的使用吧！
這樣照顧多肉植物時也會很輕鬆喔！
不同的品種，使用的工具也稍有不同，
請充分了解各品種的特性。

1_**多肉植物專用土**　多肉植物用的混合土。以小顆赤玉土為基礎，混入沙和稻殼炭※。

2_**水苔**　在小容器中栽種時，當作土壤使用。大盆缽則不適用。

3_**赤玉土（中顆）**　在大盆缽中移植時，作為盆底土使用，透氣性和排水性佳。

4_**肥料**　移植時加入少量當作基肥。

5_**輕石**　又名浮石，為天然土壤改良材。作為盆底土或化妝石使用。

6_**抹布**　取代手套，用來捲裹仙人掌，以免作業時刺傷手。

7_**放大鏡**　近距離觀察多肉植物時使用。（詳情見P.83）

8_**填土器**　盛土用的工具。有各種尺寸，請配合栽種盆缽的大小選用。

9_**澆水壺**　細噴嘴的澆水壺較方便使用。

10_**鑷子**　這是最必需的工具。在處理仙人掌、剔除枯葉，或移植時都會使用到。

11_**盆底網和報紙**　使用盆底有孔的盆缽時，為了讓土不從孔中掉落，事先放入預防。

12_**剪刀**　剪除苗或根時使用。銳利的剪刀，較不易破壞植物細胞。

13_**湯匙**　在小空間放入土壤時非常方便，進行細微作業時可使用。

14_**噴霧器**　澆水時使用。

15_**刷子**　作業時來清理，或清除附在盆缽或葉片上的污物。小尺寸的刷子較方便使用。

※可以在solxsol的網頁購買多肉植物專用土壤。　http://www.solxsol.com

澆水

多肉植物的原產地大多為乾燥環境。
因此，它們的特色是非常耐旱，稍微疏忽少澆了點水也不會枯萎，
但須留意水不可澆太多。澆水訣竅在於有張有弛。
根據不同的品種，有的一個月幾乎都不必澆水，
也有10天就要澆一次水。
請習慣這樣的澆水節奏吧！

POINT_1

不同季節的澆水重點

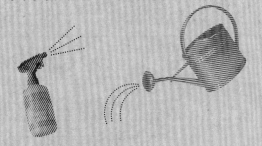

原產地的雨季，
也是多肉植物在體內積存水分、成長的季節，
和日照一樣，夏季型和冬季型
所採取的澆水方法也不同。
培育多肉植物時，澆水最需要用心。

冬季型　冬季型多肉植物的特徵是不耐酷暑。從梅雨期開始要減少澆水，需移至半日陰、通風良好的地方。夏季因進入休眠期，大約每月一次，在涼爽的黃昏至夜晚時澆水。過了10月以後，再開始澆水。極冷期間成長變得緩慢，最好稍微減少澆水。

夏季型　春至秋季成長的品種為夏季型。從4月漸漸回暖時期開始大量澆水。梅雨時期只要在連續晴天時，澆到土表保持潮濕程度即可。盛夏時，在正午時澆水，水會變成熱水，所以最好在黃昏至夜晚期間再澆水。冬季時進入休眠期，大約一個月澆一次即可，許多多肉植物都屬於夏季型。

POINT_2

休眠期的澆水

夏季型的多肉植物，冬季（12至2月）為休眠期。在此期間遇到連續較溫暖的日子，早晨可澆平時的1/3量的水。冬季型的多肉植物，夏季（4至8月）為休眠期。這段期間遇到連續較涼爽的日子，夜晚可澆平時的1/3量的水。

POINT_3

底部無孔盆缽的澆水法

盆底無孔的盆缽（燒杯或茶杯等）澆水時，必須多費點工夫。若澆水大致已澆濕土面積的一半，要將盆缽傾斜，倒出積存在底部多餘的水分。這麼一來就能夠防止根部腐爛。盆底積存的水若坐視不管，會使根部腐爛，植株枯死。

繁殖法 &
修整法

繁殖植物讓人覺得似乎很難,
但事實上,多肉植物的繁殖非常簡單。
方法有葉插法、扦插法和分株法。
此外,透過修剪更新及換盆,
就能夠維持多肉植物可愛的外觀。
春或秋季的成長期,是適合繁殖和修整的時期。

繁殖法_1

扦插法

這是剪下嫩芽,再插回土中的繁殖方法。這是一般的植物的繁殖法,不過多肉植物也能以此法簡單地繁殖。儘管都是插入土中繁殖,但訣竅是在插入前,先放在陰涼乾燥的地方4至5天。景天屬、艷姿屬等約10天、青鎖龍屬約15至20天、黃菀屬、銀波錦屬和擬石蓮屬等約需20日至1個月才會長出根來。剪下徒長的枝,也能以這個方法繁殖。這是最正統、最簡單的繁殖法。

準備材料　・徒長的多肉植物(此次使用的是八千代)
　　　　　　　・乾燥的土

拿著芽的頂部,從植株葉片稍微下方處剪斷。

剪下後只剩下莖的部分,雖然略顯孤寂,但放著不管也沒問題。

會從母株的側邊長出新芽。

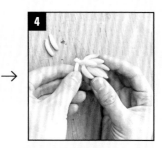

剪下的芽,約剝下2至3片的下方葉子。若不剝除葉子,葉上若覆蓋泥土時會腐爛,這樣不久之後整株都會腐爛。

讓剪切下的芽切口處晾乾。這時要避免澆水。若將它橫放晾乾,芽會長歪,變得較難栽種,所以如圖示般,最好放入直立的容器中晾乾,並放在通風良好的陰涼處管理。

圖中是呈橫躺狀態晾乾,長歪的芽。

經過數日後會像圖片一樣長出根來。

移植到喜歡的容器中即完成。

繁殖法_2

葉插法

只要從葉子基部小心地摘下葉片，放在土上就能簡單繁殖。所謂的葉插法，一般是將葉子插入土中，不過多肉植物卻沒必要這麼作。注意的重點是，摘取葉子時若不夠小心，一旦葉上沒有生長點，就不會發出新芽。比起其他的繁殖法，這個方法雖然較花時間，不過，換盆或澆水時掉落的葉子都能用來繁殖，是值得推薦的簡單方法。銀波錦屬、黃菀屬、擬石蓮屬等大型品種皆適合採用此法。

準備材料　　·多肉植物的葉子（或掉落的葉子）
　　　　　　　·乾燥的土　·平底的容器

準備多肉的葉子。也可以直接使用掉落的葉子，不過從健康的植物剝取葉片時，不要選擇剛澆過水的，要讓植物稍微變乾後再摘取。

準備平底的容器，上面鋪滿乾土。

土鋪好後，將它充分整平。

將一片片葉子排放在土上。不要讓葉子俯臥，而是讓凹面朝上放置。這時，葉尖沒有接觸泥土，而只是朝上。

所有的葉子都排好後，只要等待它們生根和發出新芽。這時，若從葉尖滲入水，會使葉子腐爛，所以不可澆水。此外，光線太強時葉子會變乾，所以儘量放在室內管理。

經過數日，葉子開始生根，這時才開始澆水。

若葉子的根伸到土外，以鑷子在土上挖個淺槽，輕輕將土潑到根上，將根部埋入坑中。

經過數日後長出新芽。原葉供給新芽營養結束後會漸漸乾枯，不久便完全枯死。當新株長到有葉的狀態，原葉已完全枯死後再行去除。

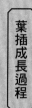

葉插成長過程

第**14**天

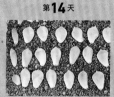

長出一點新芽。

第**29**天

長出根，子株也長大一些。

第**72**天

繼續成長變大。

第**120**天

成長得更大。之後，原葉若枯死便去除，將新芽移植到喜歡的容器中。

分株法

這是將已長大的多肉植物連根取出,從根部分離成為另一棵新株的方法。植株要進行移植(→P.72),或長得太茂密時,是最適合分株的時間點。這種方法適合蘆薈屬或十二卷屬等,會從根部長出獨立子株的多肉植物。從盆缽中先取出土壤和植株,將子株分離後再移植,不過,太小的子株不能獨立出來,否則可能會枯死。此外,這種繁殖法與扦插等不同,因為子株已長根,分株後不能任其乾燥,需立刻移植,大約斷水5至10天後再澆水。這項作業請勿在植株休眠期進行,要在成長期進行。

準備材料
· 已長成大株的多肉植物
· 報紙
· 鑷子
· 鐵鏟
· 赤玉土(中粒)
· 肥料
· 土
· 喜歡的容器

1 輕輕敲擊盆缽後,從邊端插入鑷子,由下往上掘取般取出植株。

2 植株取出時,根的狀態。(根部糾纏的狀態)

3 以手剝除附在根上的舊土。如果根長得很茂密,稍微整理即可。

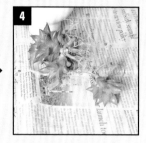

4 根部整理好的情形。

5 這次分株的植株,共有3株子株,但此次只取下1株。(雖然也可分出4株,不過子株太小容易枯死,所以選擇長得較大的植株)

6 輕輕地分開,以免損傷根部。這時,若子株已長根,要小心別將根弄斷。

7 完成分株。若切口較大,約放置一天讓切口乾燥後再移植。

8 分別移植到喜歡的容器中即完成。移植的方法請參閱P.72。

重點 分株前,讓土壤充分地變乾,這樣根部的土容易鬆散地掉落,更方便分株。提高作業效率的重點是,大約從分株前一週開始,確實地減少澆水。移植或組合盆栽時也一樣,要取出植株的盆缽,作業前開始減少澆水。這樣手也不易弄髒,輕鬆簡單就能完成作業。

修剪更新

多肉植物隨著生長，原本平衡的外觀會走樣。這時，修剪更新是最簡單的修整方法。請參考P.66的扦插作法，只需一支鑷子，連土也不必準備，就能漂亮地整理好。多肉植物是乾燥時才長根，所以最好從進行修剪更新的一週前開始減少澆水。

繁殖法
&修整法

組合盆栽成長後，呈現徒長的狀態。

只留下下面三片葉子後從上方剪下。

切取的部分較長時，可再剪短一點。

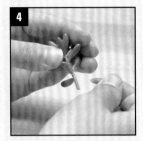

為方便插入土中，摘除下方的葉子。

已摘除葉子的模樣。若不摘除葉子就直接栽種，葉子會腐爛，植株也會枯死。

其他的多肉植物也以相同方法處理。

以鑷子夾著莖，插入土中。

審視植物整體的平衡，將切取的植株插入喜歡的位置。

完成。插入後大約10天左右減少澆水。試著觸摸植株，若堅挺飽滿，證明已長根。之後恢復平時的管理方式即可。

 重點

進行修剪更新、扦插，或切取母株時，究竟要從哪裡切斷，常令人感到困惑。作業的重點是希望上、下的植株都能繼續生長，所以植株要保留某程度的大小。小植株特別要留意。若植株太小，因水分量少，在長根或長新芽前可能已枯死。基本上，下方保留3片葉子後，切取上面的部分。若是大植株，可視上下的平衡來切取。

換盆

多肉植物在同一個盆缽中栽種數年,隨著長出子株,看起來會顯得有點擁擠。此外,根部在盆中纏繞,也可能導致植株生病。這時,請將它們移植到大一點的盆缽裡吧!這項作業請避開盛夏和隆冬,春、秋等涼爽的時期才適合移植。

準備材料　· 報紙　· 土　　· 喜歡的盆器
　　　　　　· 鑷子　· 赤玉土　· 肥料
　　　　　　· 鐵鏟

1 準備比現在栽種的盆缽更大一點的盆器。

2 實際試放要移植的植株,想像種入的情況。

3 放入赤玉土至盆缽1/3的高度。

4 放入能蓋住赤玉土的土,追加一撮肥料作為基肥。

5 實際放入植株確認高度。若太低便補充土壤加以調節。

6 決定高度後放入植株,一邊以單手扶住,一邊在周圍填土。

7 土填好後,扶住植株,輕輕敲擊盆缽讓土填滿縫隙。審視平衡感後,再補足土壤。

8 視個人喜好,也可以再裝飾上化粧石。

9 澆水即完成。

重點　換盆是指將植株換到大一點的盆缽中栽種。雖說這是基本的作法,不過,不一定要換到大盆裡栽種。如果栽種的空間很擁擠,當然必須換種到大盆裡。若尺寸適當,還是可以種回同一個盆裡,在取出植株整理好根後,改用新土再種回原來的盆缽中。以一至二年為基準移植一次就行。

疾病 & 蟲害

多肉植物雖然生命力強韌，但也會受到疾病和蟲害的侵擾。
如果生病，或任憑蟲害不管，多肉植物即使再堅韌，也會枯萎或腐爛。
以下將詳細介紹多肉植物易得疾病、蟲害及其防治法。

病蟲害	症狀和原因	處理法
絲狀菌	附著在株上的絲狀物。如果放著不處理，植物會腐爛、枯萎。將植物放在土壤潮濕、通風不良的地方，就會容易發生。	去除被菌附著的部分，以水清洗、乾燥，再灑大生粉（鋅錳乃浦）、四氯異苯腈等殺菌劑。
黑腐病	莖或根會變成黑色，軟化的面積會逐漸擴大。將植物放在土壤潮濕、通風不良的地方，就會容易發生。	去除變色的部分。傷口乾燥後，灑大生粉（鋅錳乃浦）、四氯異苯腈等殺菌劑。
黑斑病	莖或葉會出現黑斑，面積也會逐漸擴大，患處像發黴一樣。當植物的體質衰弱又放置在通風不良的地方時，就會受到感染。	症狀太嚴重時會感染到別的植株，請直接丟棄。灑大生粉（鋅錳乃浦）、四氯異苯腈等殺菌劑。
根腐‧赤腐病	莖基部會變成茶褐色，軟化的面積會逐漸擴大。將植物放在不通風的地方，連續幾年不移植換盆，就會出現這樣的狀況。	去除變色的部分。傷口乾燥後，灑大生粉（鋅錳乃浦）、四氯異苯腈等殺菌劑。
紅蜘蛛	身長約0.5mm的紅色小蟲，附著在植株上，吸取植物的汁液，會妨礙植物的生長，是病原菌的媒介。植物被吸食的部分會變成茶褐色。	發現後立即捕殺。灑上消除紅蜘蛛的專用藥劑。
蚜蟲	身長約1至2mm的紅色或黑色小蟲，附著在株上吸取植物的汁液，會妨礙植物的生長，是病原菌的媒介。	發現後立即捕殺。在植株旁邊鋪上會發出亮光的鋁箔紙能驅趕。灑專用的藥劑。
介殼蟲	身長約1.5mm，附著在株上吸取植物的汁液。會妨礙植物的生長，是病原菌的媒介。	發現後立即捕殺。灑馬拉松乳劑、樂果（乙醯甲胺磷）等藥劑。
粉介殼蟲	幼蟲身長約2mm大，成蟲時會以絲包覆身體。會妨礙植物的生長，是病原菌的媒介。	發現後立即捕殺。在植株旁邊鋪上會發出亮光的鋁箔紙能驅趕。灑專用的藥劑。
蛞蝓	會咬食植株，是病原菌的媒介。	發現後立即捕殺。灑上蛞蝓專用的藥劑。
根瘤線蟲	身長1mm以下，非常小的小蟲，會潛入根中，吸取植物的養分。影響植物的成長，讓根部長瘤。	切除長瘤的根。可以栽種萬壽菊於一旁，有防線蟲類害蟲的效果。灑上專用的藥劑。
根粉介殼蟲	身長約1mm，全身有白粉的蟲，附著在根部吸食植物養分，會妨礙植物成長，是病原菌的媒介。	分株時洗淨根部，灑上馬拉松乳劑等藥劑。
葉蟎	身長約0.5mm，會吐絲，種類很多。附著於株上吸食植物養分，會妨礙植物成長，是病原菌的媒介。	發現後立即捕殺，定期在葉上噴水予以驅趕。灑上消除紅蜘蛛的專用藥劑。
夜盜蟲	白天藏在土壤中，到了晚上就會跑出來吃葉子或花芽。	發現後立即捕殺，灑樂果（乙醯甲胺磷）等藥劑。

多肉植物的
移植法

若找到喜愛的多肉植物，
就種在喜愛的杯子等容器裡吧！
盆底即使沒有孔，
多肉植物依然能健康地生長。
以下將以圖片詳細解說
組合盆栽的作法。

種在［馬克杯］中

將多肉植物種到馬克杯中，是基本的移植法。

請選個喜歡的杯子，試著栽植看看吧！

作法

準備材料
馬克杯・喜愛的多肉植物・土・填土器・鑷子

配合植株的高度，放入土壤。

小心地從盆缽中取出要栽植的植株。

取出的植株根部糾纏時，最好弄散根部。

將植株配置在中央。

在根部周圍補足土壤。

輕輕敲擊杯子，讓土壤確實填實縫隙。

再補充土壤，讓植株更穩固。

完成

四角形盆器的組合盆栽，從邊端開始依序種入。
一邊留意整體的平衡，一邊仔細地栽植。

作法

準備材料
四角形盆缽・喜歡的多肉植物數種・土・
填土器・抹布・鑷子

配合植株的高度，在盆缽中放入土壤。

從邊端開始依序種入。

一邊留意整體的平衡，一邊調整植株相鄰
的距離，仔細地種入。

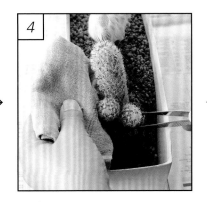

有刺的仙人掌等，為避免手被刺傷，最好
以抹布一邊支撐輔助，一邊作業。

栽植最後的植株。

輕輕敲擊盆缽，讓土壤確實填實縫隙。

再補充土壤，讓植株更穩固。

＼ 完成 ／

圓形盆器的組合盆栽，先決定主角植株，再種入周圍的植株。

在大型盆缽中種植，難度更升級。

作法

準備材料
圓形盆缽・喜歡的多肉植物數種・土・填
土器・抹布・鑷子

配合植株的高度，在盆缽中放入土壤。

最先種入高度最高、作為主角的植株。

從主角的周圍依序種入。

一邊留意整體的平衡，一邊種入周圍的植
株。

栽植最後的植株。

輕輕敲擊盆缽，讓土壤確實填實縫隙。

再補充土壤，讓植株更穩固。

完成

各屬的培育法

整體來說多肉植物雖然很容易栽培，
不過各屬的培育法還是多少有所不同。
以下將說明其差異性。

多肉植物

生長週期

在各屬多肉植物培育法的單元中，
以如下的圖示來標示成長週期。
包括較無生氣的休眠期、
色澤鮮麗且生氣蓬勃的生長期、開花的開花期，
以及顯現紅葉等的觀賞期。

1 休眠期　2 生長期　3 開花期　4 觀賞期

多肉植物的一年生長週期，以上述的圖示來表示。
盆缽中的數字代表月份。

如欣賞單朵插花般來欣賞其存在感
艷姿 屬

原產國：北非／繁殖法：扦插

※涼爽期為生長期。開花期大約在3月，但開花後花莖即枯萎。

葉子從下開始依序枯萎，只有上方長有葉片，姿態頗富個性。有各式各樣的葉色和花樣，落葉後莖的樣態也饒富趣味。有大型、小型等多樣品種，也是它們受歡迎的原因。開花後花莖隨即枯萎，但以扦插法就能簡單繁殖。

培育重點　因為這屬的多肉植物不耐熱與寒，在盛夏及隆冬時落葉，進入休眠期。盛夏適合放在通風良好的陰涼處，減少澆水讓它休眠。春、秋的生長期，日照往往不足，最好放在屋外管理。

葉形如展開的蓮座形非常美麗
龍舌蘭 屬

原產國：美國・墨西哥／繁殖法：分株

※暑期為生長期。開花期雖以夏季為中心，但花莖為一年生。

從生長20年到將近100年為開花年齡，雖是壽命較長的品種，但一年僅開一次花。開花後，母株枯萎，只剩下周圍的子株存活。這屬的龍舌蘭以作為龍舌蘭酒的原料而聞名。葉尖有尖銳的刺，栽種處理時請留意。

培育重點　這屬有許多強韌的品種，夏季放在室外，冬季則放在室內管理。它們具有大儲水槽般的肥厚葉片，比其他品種少澆點水也沒關係。切取葉子時，從前端的中央下刀，如切開蚌殼割取。

植株雖小，卻是極具個性特色的品種
天錦章 屬

原產國：南非／繁殖法：葉插・扦插

※涼爽期為生長期。

這屬的多肉植物雖然容易落葉，但落葉後會長出新芽，以葉插法就能簡單繁殖。有的葉片上有奇特的花紋，有的莖上長毛等，外形變化豐富。小型品種居多，生長緩慢，推薦給想收集小型多肉植物的愛好者。

培育重點　因不耐暑熱，夏季時需放在通風良好、陰涼處讓它們休眠。不過，只要減少澆水就能輕鬆度過夏季，而且它們耐寒，可說非常容易栽培。生長期時充分澆水，植株便能成長茁壯。

有許多品種，容易培育
蘆薈屬
原產國：南非／繁殖法：扦插・分株

1 2 3 4 5 6 7 8 9 10 11 12

※涼爽期為生長期。依不同品種，開花期也有差異。

蘆薈屬的多肉植物，從手掌般大小的品種，到一人高的大樹般的大型品種都有。此外，也有下葉枯萎不斷向上生長的樹狀品種，以及會長出許多新芽匐匍群生的品種。葉子受損會流出汁液，導致葉色變黑、腐爛枯萎，這點需留意。

培育重點

即使長時間不澆水，也不會枯死，但是給水不足，葉尖會枯黃，長得不漂亮。以扦插法就能簡單繁殖，但避免在夏季進行摘心等作業。

如花般的姿態深受歡迎
擬石蓮屬
原產國：非洲・中南美洲／繁殖法：葉插・扦插

1 2 3 4 5 6 7 8 9 10 11 12

※幾乎沒有休眠期，但不耐暑熱，最好斷水讓其休眠。開花期為全年不定期。

品種非常多，但大致區分為大型的包心菜型和肉厚的蓮座型。蓮座型以葉插法簡單就能繁殖，而大型品種無法以葉插法繁殖，切下長到某程度的莖重新插入土中，便呈現完整的外形。而剩下的下面部分會長出子株，可作為繁殖用。

培育重點

這屬的多肉植物特別喜愛陽光，需經常給予日照。生長快速，下葉會陸續枯萎，請勤於剪除。夏季時不耐濕熱，請確實保持良好通風、斷水，要稍微遮光栽培。

許多都呈現霧面的奇特品種
伽藍菜屬
原產國：馬達加斯加・南非／繁殖法：葉插・扦插

1 2 3 4 5 6 7 8 9 10 11 12

※雖然幾乎全年可栽培，不過不耐暑、寒。根據不同品種，開花期也不同。

幾乎都是夏季型，不過許多品種會在冬季開花，所以冬季管理時儘量讓它們溫暖。接近冬季它們會突然停止生長，進入休眠期，下霜前務必移入室內。

培育重點

幾乎都是夏季型，不過許多品種會在冬季開花，所以冬季管理時儘量讓它們溫暖。接近冬季它們會突然停止生長，進入休眠期，下霜前務必移入室內。

能欣賞到獨特的姿態＆美麗的紅葉
青鎖龍屬
原產國：南非・東非／繁殖法：扦插

1 2 3 4 5 6 7 8 9 10 11 12

※依不同品種，開花期多少也有差異。

幾乎所有品種都像伽藍菜屬、銀波錦屬般，葉片呈十字形長出，不過青鎖龍屬更接近正方形。花朵的特色是共有5瓣、氣味芳香。這個屬品種繁多，光這個屬就有相當多的變化，讓人充分享受蒐集的樂趣，也有許多漂亮的紅葉品種。

培育重點

大多數品種都不耐暑熱，如冬季期間栽培般，夏季時要斷水，放在通風良好處。也可以電風扇等送風。因不耐濕熱，可在秋季以扦插法繁殖。

多肉植物

葉插就能輕鬆地不斷繁殖
風車草屬
原產國：墨西哥／繁殖法：葉插・扦插

1 2 3 4 5 6 7 8 9 10 11 12

除去少部分品種，大半的品種都很強健，像從前農家種在屋簷下任其自生那樣栽種即可，是讓人感覺生命力強韌的屬。大部分的品種都能以葉插法繁殖。粉紅色的紅葉任何品種都漂亮，極具欣賞的趣味。

培育重點　耐寒、暑，好栽培。也有像朧月等，全年均可在室外栽種的品種。經常給予日照，秋季時才能看到漂亮的紅葉。

渾圓肥厚的葉片非常可愛
銀波錦屬
原產國：南非／繁殖法：扦插

1 2 3 4 5 6 7 8 9 10 11 12

從上方觀看，葉子呈十字形長出。每次長葉後轉90°繼續交錯長出。伽藍菜屬的花也呈十字形（花瓣四片）開花，而銀波錦屬的花瓣為五片呈五角形。銀波錦屬的花具高欣賞價值，且容易開花，這也是它受歡迎的原因。

培育重點　銀波錦屬雖然是景天科中較容易培育的屬，但白眉等最近培育出的品種不耐熱。不過其中許多品種極耐寒，能放在室外過冬。葉面附有白粉的品種特性是喜好日照。

能欣賞到美麗紅葉的人氣品種
景天屬
原產國：墨西哥／繁殖法：葉插・扦插

1 2 3 4 5 6 7 8 9 10 11 12

本屬的多肉植物能讓人欣賞到美麗的紅葉，其中鮮紅的虹之玉可說是景天屬的代表性品種。擁有肥厚、美麗紅葉的姿態，深受大眾歡迎。很多品種會不斷地繁殖，長出許許多多的小葉，匍匐長成草坪狀。因為花朵也小，小巧感也是它受歡迎的因素。

培育重點　呈草坪狀擴展增生（萬年草系）的品種，能長期栽種在屋外。但是，如樹木般向上生長的品種，比較不耐寒，若在室內培育時日照不足，會有生長遲緩的現象。

呈銀綠色具涼爽感的品種
黃菀屬
原產國：南非／繁殖法：扦插

1 2 3 4 5 6 7 8 9 10 11 12

樹汁具有獨特的香味。黃菀屬的特徵是葉和莖覆有白粉，許多品種的葉脈和莖的花紋都十分有趣。花朵也頗富個性，很容易開花。如果日照不足，花期會縮短，沒有開花時，請給予充足的日照。

培育重點　在涼爽的季節能生長良好，移植或繁殖適合在秋季進行。尤其是如樹狀生長的品種，夏季時不長根。如長鍊般生長的蔓生性品種，夏季時放在稍微陰涼處栽培。

多數品種的葉尖都有透鏡的構造
十二卷屬
原產國：南非／繁殖法：分株

1	2	3	4	5	6	7	8	9	10	11	12

葉尖具有透鏡的構造，自己能聚光，是能將光吸收進體內進行同化作用的進化品種。葉尖透鏡般的透明感很美麗，非常受歡迎。它們是多肉迷的人氣品種，透過交配，產生許多非原種的交配種，變得很難辨識種類。

培育重點　不喜強光，適合在柔和的日照下栽培。植株呈褐色時，表示水分或日照不足，葉子長得比原來長時，代表水分太多或日照不足。請視生長情況進行管理。

如美人般優雅的品種
厚葉景天屬
原產國：墨西哥／繁殖法：葉插・扦插

1	2	3	4	5	6	7	8	9	10	11	12

※依不同品種，開花期多少也有差異。

特色是葉肉肥厚，姿態猶如莖上排著雞蛋一般。利用葉插或扦插法就能繁殖。過度伸展的莖，可以修剪更新重新修短栽培。扦插法較慢長根，需花較長的時間，但能長出結實的根，所以請耐心培育。

培育重點　幾乎全年都能培育，隨時都可以移植。耐寒暑，易栽培。隨著下方的葉子依序枯萎，會慢慢地伸展長高。全年均可澆水，需有充足的日照。

肥厚的莖和葉形成絕妙平衡
馬齒莧屬
原產國：南非／繁殖法：插枝

1	2	3	4	5	6	7	8	9	10	11	12

這屬的多肉植物很可惜的一點是，不太容易開花，而且很難盛開。銀杏木等品種能長大到超過1m的高度。有斑紋的雅樂之舞也很難長大，所以有人在大銀杏木的莖上接枝，作成盆栽。

培育重點　它們是非常容易培育的品種，若不斷水幾乎都會逐漸長大。不過這個屬較不耐寒，冬季請放在室內管理。如果日照不足，葉子會紛紛掉落。

個性突出的人氣品種
大戟屬
原產國：非洲・馬達加斯加島／繁殖法：扦插・播種

1	2	3	4	5	6	7	8	9	10	11	12

※依不同品種，開花期多少也有差異。

大部分的品種皆有毒性，尤其要注意黏膜處勿觸及。汁液沾到手上，若觸碰眼睛等處非常危險。有的品種兼具雄株與雌株，花、葉均小，許多品種的姿態極富個性特色。

培育重點　進行修剪更新或移植等作業時須避開盛夏時期。扦插時切下後，會流出樹汁，須以水清洗切口。比起其他的品種，這屬的多肉植物扦插需要花較長的時間。

疣仙人掌屬

這屬的仙人掌從長有許多白刺的小型種到大型種,品種繁多。自冬季至春季,會盛開王冠狀的小花,姿態可愛,十分受歡迎。花色有深粉紅、乳黃、黃色等。極耐寒、暑,容易栽培。

有星屬

鸞鳳玉為其代表種。通常外形如星星般具有五稜,不過有的品種是四稜或三稜,稀少的品種售價極高,不過近來稍微普及,以較便宜的價格即可購得。不耐夏季的濕熱。

智利球屬

外形上沒有太突出的特徵,但能開出美麗的花朵,因此十分受歡迎。具有鮮麗的花色,花朵數也多,給人華麗的印象。花形稍呈筒狀。花期長,約可連續開兩週的時間。但要留意容易長蟲。

灰球掌屬

它是渾圓球體相連生長的品種,是進化到仙人掌屬前的姿態。生長得十分緩慢,速度僅一年一個子球長大。容易分離子球,易進行扦插,所以能夠輕鬆繁殖。

龍神柱屬

大型樹狀品種,原產於南美的柱仙人掌。高度遠超過人類的身高,如樹木狀聳立,能營造人們印象中仙人掌故鄉南美的景色。極耐寒、暑,雖然是非常容易栽培的品種,但需留意介殼蟲的危害。

瘤玉屬

球狀仙人掌。長大後呈柱狀直立生長,特徵是能開出又大又美的花朵,自夏季到秋季,都會開出大朵的花。特性是極耐寒、暑,容易栽培。代表品種有大統領、紅鷹等,刺也呈美麗的紅色。

南國玉屬

大多數的姿態是綠色株體上長有褐色刺,或綠色株體上長有白色刺。其特徵是花芽,上面長有覆著褐色絨毛的蓬軟花蕾,時常開花,花形又大又美。極耐寒、暑,生長特別迅速,容易培育。

金晃屬

透過金晃丸品種,成為大家熟悉的屬,也是產自南美巴西的代表性仙人掌。會盛開亮麗的大黃花,但沒成長變大前不會開花,從小株開始培育起,長到能開花為止需花相當長的時間。

仙人掌屬

呈扇型扁平的姿態,因而被暱稱為團扇仙人掌,是大家熟悉的品種。特性強健,經常可見被栽種在庭園,外形如大樹一般。若觸碰到刺,會刺入手中,栽培處理時請務必小心。

老樂柱屬

南美的柱仙人掌。生長在標高2000m以上的高地。它們為了因應夜晚的酷寒及白晝的灼熱太陽,表面披覆絨毛以保護自身。生長緩慢,能生長到相當大。不耐濕熱。

岩牡丹屬

被視為牡丹類的仙人掌,據說是仙人掌科中最進化的品種。具有如岩石般的奇特外表,完全沒有刺。如石頭般堅硬的表面,簡單就保住水分不流失。生長緩慢,培育時幾乎不用澆水。

絲葦屬

仙人掌科中珍貴的的寄生種,在原生地可見到它們寄生於樹木上。莖呈棒狀相連,從上方垂落式栽培。比其他品種喜好水分,栽培時要供應充足的水分。若給水不足,株體會變瘦,馬上就能辨識。

仙人球屬

這屬的仙人掌很耐寒,很多品種都能種在室外,培育也很簡單,是長久以來深受大家喜愛的品種。在夜晚綻放大型花麗的花朵,這也是它們深受歡迎的原因。生命力強韌,經常長出子球,簡單就能繁殖。

金琥屬

仙人掌的代表種,金琥也是屬於這個屬。幾乎植物園等地都能看到,具有黃刺的大型球體仙人掌。生長到能開花的植株,前端覆蓋著美麗、輕柔絨毯狀絨毛,會開出多朵美麗的花。

假曇花屬

藤蔓仙人掌。邊框呈圓筒狀,越向前端外形稍微變粗。從一節又會分出數枝相連。特色是採取向下垂落式栽培。春天時,在節的前端會開橘色的花。

放大鏡
×
多肉植物

觀察多肉植物時，建議可以使用放大鏡。當遠觀多肉植物的形狀時，會發現非常的美麗。不過近距離微觀多肉植物，又能欣賞到全然不同的美，在你面前擴展出截然不同的世界！葉、莖的表面質感和花紋、刺的美麗叢生姿態、長在長刺邊緣的絨毛，一根根刺的質感、色調等。究竟是如何誕生出如此美麗的設計呢？會被它那充滿神祕感的姿態所感動。試著和多肉植物拉近距離，浸淫在它的魅力之中，也另有一番樂趣。

不同的國家生產的放大鏡，款式也不同，有各式各樣的設計。比起有裝飾性的設計，我更喜歡簡單樸素的。請選擇輕巧的款式，這樣即使長時間拿著觀看也不會累。和多肉植物一樣，我的放大鏡收藏也越來越多了！

多肉植物的培育法

Q & A

有的多肉植物生長時突然彎曲，有的伸著細長的莖，
有的和普通花草的姿態略有不同……處處都讓人驚歎。
本單元彙整出栽培多肉植物時常遇到的一些問題，
以提供各位參考。

Q

雖然不斷長出新的葉子，不過都變得很短，也長不大。
購買的時候，植株的葉子都很長，但開始培育後，葉子就變得很短。
要怎麼作，才能使葉子長大呢？

A

會發生這種現象，大多是因為植株長蟲。請檢查植株葉與葉重疊的部分，是否藏有白色的小蟲。如果發現有白色小蟲，就以牙刷等工具刷掉小蟲，平時若都有作到剔除小蟲的作業，葉子自然會慢慢長大。另外，還可思考是否澆水的方式出了問題。多肉植物的株體90％以上由水分構成，若以噴霧器來澆水，立刻就會蒸發，讓植株無法充分吸收水分，所以就補充水分而言，幾乎沒有效果。多肉植物的澆水拿捏非常重要，澆水時要充分澆

透。充分補充多肉植物平時需儲備的水分，因為它們就是靠著儲存的水分維生。

※澆水時，要澆到整體的土都濕透為止。盆底無孔不能澆太多水時，請將盆缽慢慢地傾倒，倒出裡面多餘的水分。

Q

我第一次種多肉植物，
但是栽培的環境是完全無日照的室內。
這種情形下也可以栽培嗎？

A

多肉植物非常喜好陽光。所以理所當然地，對多肉植物來說最適合的栽種場所，是有大量日照的地方。不過，也有人希望在日照不足，或缺乏日照的地方享受栽培多肉植物的樂趣。完全照不到太陽之處，多肉植物是無法生長的。因此，針對栽種方法我提出以下數個建議，以供參考。

· 避免一直放在無日照之處，請每隔一天移到有日照的地方。
· 平時五天放在桌子上，趁假日移到有太陽照射的地方。
· 至少準備兩盆植物，讓它們輪流曬太陽。

Q

關於澆水的頻率，
有何建議呢？

A

依不同的季節和種類，澆水的方式也多少不同，雖然難以簡單說明，不過控制澆水量，要仔細觀察植物的葉子，若葉子稍微變軟，就是要澆水的信號。多肉植物不喜歡土壤一直保持潮濕狀態，所以最好能克制想澆水的念頭。

Q
什麼是水苔呢？

A
水苔比土壤更具有保水性，能有效地吸收水分。而且，一旦乾燥後，能保持乾燥的狀態。因多肉植物不喜長期潮濕，關於這點，水苔能夠提供乾濕有別的環境。水苔的外觀也漂亮，在小容器中栽培時，具有優異的穩定性。水苔本身沒有養分，適合緊密栽種時使用。它的水分會很快揮發變乾，不過每次一看到變乾就澆水，常是造成根部腐爛的原因。澆水需視植物的狀態，葉子或株體變細後再澆水都還來得及。

Q
仙人掌上有白色斑點，
才一週左右的時間就突然變多了。
上面還有大的突起物，
這個以前就有，
我偶爾會以細的一字螺絲起子
將它們剔除，但馬上又會變多，
我擔心它是不是生病了？

A
我想那應該是介殼蟲吧！這種蟲沒有徹底消滅，情況還是會持續。請以牙刷等工具將蟲完全剔除。若殘留白色的部分，表示介殼蟲可能還是未完全清除。牠們也容易躲在刺的周圍，請以牙刷刷除，並以水沖洗。

Q
想種出漂亮的仙人掌，
有何訣竅呢？

A
良好的日照與通風對仙人掌非常重要。而且，土壤最好具有優良的透氣性和排水性。過度澆水對它不利。而土壤長期保持潮濕狀態，是導致仙人掌枯萎的原因，如果仙人掌的皺褶部分有細小的皺紋，就代表該澆水了，這時請將盆裡所有的土徹底澆濕。

Q
十二卷屬的
根沒了！
該怎麼處理呢？

A
處理的方法是準備乾土，將十二卷屬主體的下部，掩埋在土裡約1cm。植株若是完全沒有根的狀態，讓它保持原狀，在生長期之前都不要澆水。到了生長期後再澆水。如果還殘留健康的根部，請試著每個月澆一次水。

Q 購買了十二卷屬的多肉植物，
最初茂密的葉子開始徒長。
不知道是因為日照不足，還是肥料不夠呢？

A 是因為日照不足的造成徒長的狀態。多肉植物生長時，不太需要肥料，所以並非肥料不足造成的。十二卷屬在多肉植物中，是比較能在背陰處培育的種類，不過它們原本很喜歡陽光，所以，比起現在請給它們更多的日照。關於徒長的部分，也許給它們更多日照後能夠改善徒長狀態，但它們也不會恢復原狀，請小心培育新長出的芽。若不喜歡現在徒長的外形，等新芽長大到某種程度，可以進行分株。分株的作法請參照P.68。

Q 植株上全部附著
可怕的小白蟲。
小到不仔細看
都沒發覺的程度，
而且多肉植物也變細了，
這到底是什麼蟲呢？

A 植株似乎是長了蚜蟲，植株變細也是受到蚜蟲的影響。蚜蟲是相當難纏的害蟲，建議可以醋噴灑，或噴灑蚜蟲專用殺蟲劑加以消滅。尤其是綠之鈴，特別容易受到蚜蟲的侵害，一旦發現請立刻消滅。

Q 我培育的仙人掌，
為什麼長出來的子球
會變得細長呢？

A 這是因為日照不足。從現在起請讓它多曬曬太陽，應該就能比現在長得稍微粗壯些。如果，不喜歡現在的粗細度，可以切下上面長出的子球，也能夠重新培植。從母株上切下子球後，其他的地方又會冒出新的子球。

Q 種在水苔中的多肉植物，
若水苔乾了，
可以弄濕嗎？

A 水苔乾燥後變得乾枯，那樣的狀態會讓人想要澆水，不過請別看水苔的狀態，而是要仔細觀察多肉植物，若植物的葉子出現皺紋再澆水，這時都還來得及。水澆得太多，是導致根部腐爛的原因，所以儘量以偏乾的土壤栽植多肉植物，才能讓它們健康地成長。

怎樣才能預防蟲害呢？
發現時已經很嚴重了，消滅不了，植株就枯死了。

害蟲大量繁殖，導致植株枯死，我想那應該是雪蟲。尤其是石蓮花屬和風車草屬等，很容易受到雪蟲的侵害。雪蟲大量繁殖，最後可能造成植株枯死。雖然任何植物都能康復，不過有不少的蟲害或病原菌是藏在土裡或根上。真正困難的是，只要生存在自然界，就無法擺脫疾病或蟲害的侵擾。雪蟲或蚜蟲等蟲害，噴灑稀釋的醋能有效消除，也能夠預防。有時很難發現害蟲，所以請定期噴灑醋吧！

我想移植玉露錦，
從土中挖出後，
發現它長有粗根。
移植時，要注意
什麼重點呢？

移植十二卷屬時，應注意不要切斷健康的根，可去除不良的根。十二卷屬是根部強健的屬種，最好儘量栽種在深的盆子裡。

仙人掌正中央
最小的芽變成黃綠色的。
我擔心它快要枯死了，
那樣沒問題吧？

我想因為從同一個地方長出許多子株，營養無法均勻地分布吧！等到生長期（春或秋），從母株上切下大棵的子株，我想營養就能輸送給變成黃綠色的子株了。雖然會擔心黃綠色子株是否有體力支持下去，不過請暫時靜待吧！

| 自然綠生活 | 12

sol×solの懶人花園
與多肉植物一起共度的好時光
多肉植物&仙人掌の室內布置&植栽禮物設計

作　　者／松山美紗
譯　　者／沙子芳
發 行 人／詹慶和
總 編 輯／蔡麗玲
執行編輯／劉蕙寧
編　　輯／蔡毓玲・黃璟安・陳姿伶・白宜平・李佳穎
封面設計／周盈汝
美術編輯／陳麗娜・翟秀美・韓欣恬
出 版 者／噴泉文化館
發 行 者／悅智文化事業有限公司
郵政劃撥帳號／19452608
戶　　名／悅智文化事業有限公司
地　　址／新北市板橋區板新路 206 號 3 樓
電子信箱／elegant.books@msa.hinet.net
電　　話／(02)8952-4078
傳　　真／(02)8952-4084

2016 年 3 月初版一刷　定價 380 元

Boutique Mook No.1150 sol x sol no Taniku Shokubutsu Saboten to
Kurasou
© 2014 Boutique-sha, Inc.
All rights reserved.
Original Japanese edition published in Japan in 2014 by Boutique-sha,
Inc.
Traditional Chinese translation rights arranged with Boutique-sha, Inc.
through Keio Cultural Enterprise Co., Ltd.
Traditional Chinese edition copyright © 2016 by Elegant Books Cultural
Enterprise Co., Ltd.

經銷／高見文化行銷股份有限公司
地址／新北市樹林區佳園路二段 70-1 號
電話／0800-055-365　傳真／（02）2668-6220

松山 美紗

多肉植物專門品牌sol × sol的創意總監。1978年生
於日本埼玉縣。原從事花藝設計工作，因被多肉植物
的魅力吸引，轉而投入多肉的世界。曾師事「仙人掌
相談室」的多肉植物創作家羽兼直行先生，後獨立創
作至今。

多肉植物專門品牌
sol × sol
基於「～多肉&微笑～」的概念，提出以雜貨風培育
多肉植物的創意。本書除了有作者松山小姐栽培的各
種可愛多肉植物之外，從可幫助栽培的實用器具，到
變化盆栽風貌的各式小物等均有介紹，內容豐富又
實用。
sol × sol
http://www.solxsol.com

STAFF

書籍設計／長宗千夏
攝影／原田真理
編輯／丸山亮平

國家圖書館出版品預行編目 (CIP) 資料

sol × sol 的懶人花園・與多肉植物一起共度的好
時光—多肉植物 & 仙人掌の室內布置 & 植栽禮物
設計 / 松山美紗著；沙子芳譯 . -- 初版 . -- 新北市：
噴泉文化館出版，2016.3
　　面；　公分 . -- (自然綠生活；12)
ISBN 978-986-92331-8-7 (平裝)
1. 仙人掌目 2. 栽培
435.48　　　　　　　　　　105001798